航海捕捞系列教材

渔获物保鲜操作及加工技术

主　编　王维胜
副主编　何书召　丛李方
编　者　王维胜　何书召　丛李方
　　　　尹杯收　解　元　胡　彦
　　　　孙绍波　贾世广　马单单

中国海洋大学出版社
·青岛·

图书在版编目(CIP)数据

渔获物保鲜操作及加工技术/王维胜主编. —青岛：中国海洋大学出版社,2016.12
ISBN 978-7-5670-1219-6

Ⅰ.①渔… Ⅱ.①王… Ⅲ.①海产品－保鲜－贮藏－教材②海产品－水产品加工－教材 Ⅳ.①S98

中国版本图书馆 CIP 数据核字(2016)第 324924 号

出版发行	中国海洋大学出版社
社　　址	青岛市香港东路 23 号　　邮政编码　266071
出 版 人	杨立敏
网　　址	http://www.ouc-press.com
电子信箱	94260876@qq.com
订购电话	0532－82032573(传真)
责任编辑	孙玉苗　　电　　话　0532－85901040
印　　制	日照报业印刷有限公司
版　　次	2017 年 5 月第 1 版
印　　次	2017 年 5 月第 1 次印刷
成品尺寸	185 mm×260 mm　1/16
印　　张	2.75
字　　数	60 千
印　　数	1～1 000
定　　价	12.00 元

发现印装质量问题，请致电 0633－8221365，由印刷厂负责调换。

航海捕捞系列教材
编委会

主　编　何书召　牟　峰　肖安金
副主编　张庆臻　苟美汉　高天奇　李忠宝
　　　　于　玲　张明志　尹怀收
编　委　王维胜　高瑞杰　胡　彦　孙绍波
　　　　贾世广　马单单　姜霏霏

《渔获物保鲜操作及加工技术》编委会

主　编　王维胜
副主编　何书召　丛李方
编　者　王维胜　何书召　丛李方　尹怀收
　　　　解　元　胡　彦　孙绍波　贾世广
　　　　马单单

前 言

水产品是深受人们欢迎的食物之一。但是，水产品极容易腐败变质，变质的水产品不仅丧失了原有的营养价值，而且可导致食物中毒，危害人们的健康。随着生活水平的不断提高，人们对高质量渔获物需求增加。因此，在捕捞作业中保持渔获物鲜度就显得尤为重要。渔获物的保鲜直接影响渔业生产的经济效益，是捕捞作业中举足轻重的一环，也是每个渔业工作者必须掌握的技能。当今世界上渔业发达国家都十分重视渔获物保鲜工作，把它列为海洋渔业的重要组成部分。我国每年因渔获物保鲜处理不当损失很大，本教材介绍渔获物保鲜的基本理论及操作，以期有利于渔获物的保鲜处理。

前言

目 录

资讯一　渔获物保鲜概述 …………………………………………………（1）

资讯二　鱼类鲜度等级与感官质量指标 …………………………………（3）

资讯三　渔获物腐败变质的影响因素 ……………………………………（5）

资讯四　渔获物保鲜方法分析与选择 ……………………………………（7）

资讯五　捕捞渔船渔获物保鲜操作 ………………………………………（12）

资讯六　渔获物保鲜注意事项 ……………………………………………（28）

补充知识：水产品保鲜与运输加工摘要 …………………………………（29）

附录：船上渔获物加冰保鲜操作技术规程 ………………………………（35）

资讯一　　渔获物保鲜概述

渔获物如得不到及时、合理的保鲜处理，就会变质腐败，以至价值降低，甚至不能食用，造成不应有的损失和浪费。从防腐保鲜角度讲，渔获物可分为以下3类：底栖鱼类，鱼类脂肪主要集中于肝脏，一般为少脂鱼，多为底层拖网所捕捞；中上层鱼类，鱼类脂肪分布于整个鱼体，一般为多脂鱼；其他鱼类。一般情况下是多脂鱼比少脂鱼更容易腐败。

渔获物的腐败，主要是鱼体内的酶和寄生微生物的作用所造成的，与鱼体所含水分和温度有直接关系，而温度的影响占主要地位。酶和微生物的作用与温度的关系见表1-1。

表1-1　酶、微生物与温度的关系

温度/℃	酶	细菌	酵母	霉菌
60	破坏	高温细菌最适温度	菌体死亡，孢子部分存在	菌体死亡，孢子部分残存
50	部分作用	高温细菌最低温度，中温细菌最高温度	部分作用	部分作用
40	最适	中温细菌最适温度	最适温度	
30	—	中温细菌最低温度，低温细菌最高温度	—	最适温度
20	—	低温细菌最适温度	—	—
10	作用	低温细菌最低温度	作用	作用
0	—	耐寒细菌部分作用	部分作用	
−10	部分作用	—	停止作用	部分作用
−20	—	停止作用		停止作用
−30	停止作用	—		

由表1可见，酶和微生物在低温下的降解作用大大减弱；0 ℃以下只有部分细菌及酶能够产生作用；当温度为−20 ℃以下时，它们几乎完全停止作用。这就是低温保鲜的基础。

鱼类死后鱼体的变化可分为3个阶段，即僵硬前、僵硬期和软化期。渔获物在各期中色泽、味道等不同，体内物理、化学等方面的性质发生着变化。鱼类被捕获后，在短时间内鲜度尚如同刚捕获时一样，其后开始变硬（进入僵硬期）。鱼体变硬是由于体内ATP（三磷酸腺苷）分解、乳酸堆积、肌肉收缩所致。ATP分解过程如下：ATP→ADP（肌腺苷）→AMP（单磷酸腺苷）→IMP（肌苷）→HxR（肌酐）→Hx（次黄嘌呤）。当

ATP全部分解时,收缩停止,僵硬期终了。肌肉中糖原分解成乳酸并放出热量。上述两个阶段持续的时间视鱼的种类而异,并受到所处温度、捕获前的生理状态、捕杀方式等因素影响。温度越低,僵硬开始时间越迟,僵硬期持续的时间也越长。其后,由于鱼体肌肉中自溶酶的作用,肌肉组织逐渐破坏,渗出液增加,肌肉组织再度变软,失去弹性,同时附着在鱼体各处的微生物繁殖,使得鱼体腐败,这时渔获物的鲜度迅速下降。新鲜鱼和冷冻鱼鲜度和时间关系见图1-1。

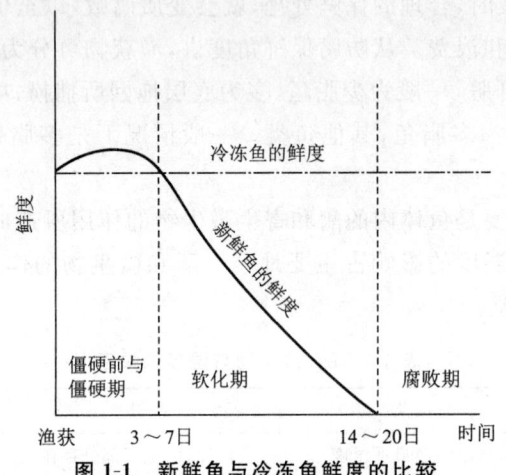

图1-1 新鲜鱼与冷冻鱼鲜度的比较

渔获物的鲜度对以后的冷藏加工质量影响很大。研究者在渔获物僵硬前、僵硬期、软化期分别进行-10 ℃~-12 ℃的冷冻试验,并在贮藏中对蛋白质肌浆和蛋白质纤维的可溶性进行测定和比较。结果表明,在渔获物僵硬前进行及时的冷冻,冻结贮藏过程中蛋白质变性是很小的,因而贮藏较长时间也不会变质。

另外,在鱼体僵硬前和僵硬初期进行冻结,肌肉中的冰晶在细胞中形成;在僵硬后期和软化期进行冻结,冰晶则在细胞外形成。在冻结时,渔获物的鲜度对其组织液的渗出率和保水率的影响很大,参见图1-2。

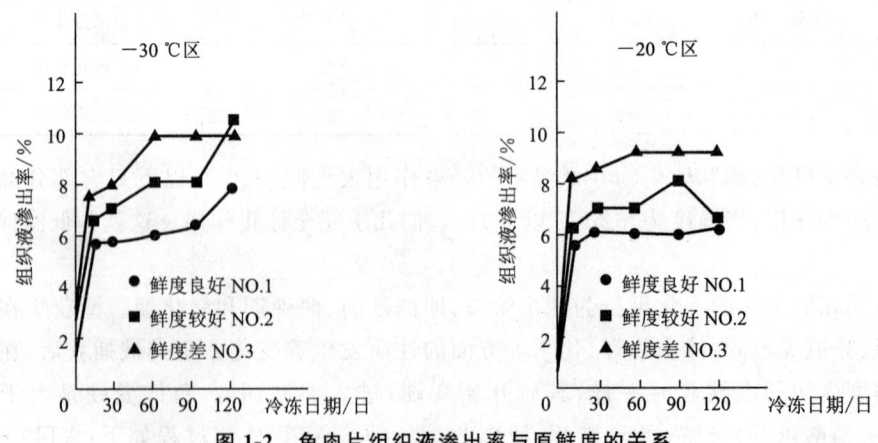

图1-2 鱼肉片组织液渗出率与原鲜度的关系

资讯二　鱼类鲜度等级与感官质量指标

一、鲜度等级

保鲜就是要使渔获物保持刚捕获时的鲜度。刚从海里捕捞的鱼,是非常新鲜的,鱼体色泽光亮,肉质弹性好。随着时间的推移,渔获物鲜度逐渐降低。

鱼类和一般陆生动物一样,死后不久即发生僵硬现象。这是死后肌肉组织中的化学物质分解造成的。处于僵硬阶段的鱼是很新鲜的,其质量是很好的。鱼体僵硬阶段的持续时间,短的只有数十分钟,长的可维持数天。在僵硬阶段后,鱼体的肌肉组织逐渐软化,进入自溶作用阶段。此时,细菌开始活动。随着自溶作用阶段的推进,细菌的繁殖加快,鱼体组织的蛋白质、游离氨基酸等营养物质被分解成氨、三甲胺、硫化氢及尸胺等腐败物。当这些腐败物增加到一定程度时,鱼体发出腐臭味,进入腐败变质阶段。根据我国渔业作业的状况,把渔获物的鲜度分为以下4级。

一级鱼:鲜度很好的鱼,即处于僵硬阶段或开始进入自溶作用阶段的鱼。

二级鱼:鲜度较好的鱼,即处于自溶作用阶段的鱼。

三级鱼:鲜度较差的鱼,即处于自溶作用阶段后期,或刚开始进入腐败变质阶段的鱼。

四级鱼:已经变质的鱼,处于腐败变质阶段、不能食用、只能用于加工饲料鱼粉的鱼。

二、感官质量指标

确定鱼的鲜度方法有感官质量指标、生化法和微生物法3种。由于鱼体在变质过程中,随着组织成分的变化,外观亦不断发生变化,因而,在船上实际检验渔获物鲜度时,多采用感官质量指标法。在检验要求较高的情况下,仍需应用生化法或微生物法。现将判断鱼类鲜度等级的标准列成表2-1,供参考。

表2-1　鱼类鲜度等级的感官标准

检验项目 \ 等级	一级	二级	三级	四级
体表	具有鲜鱼固有的颜色与光泽,黏液透明	色较暗淡,光泽度差,黏液透明度较差	色暗淡,无光,黏液混浊	色晦暗,黏液污秽或干燥

续表

检验项目\等级	一级	二级	三级	四级
鳞	鳞完整或稍有花鳞,但紧贴鱼体,不易剥落	鳞不完整,较易剥落	鳞不完整,松弛,且易剥落	鳞易撩落
鳃	鳃盖紧合,鳃丝鲜红色或紫红色,黏液透明,无异味	鳃盖较松,鳃丝呈紫红色、淡红色或暗红色,腥味较重	鳃盖松弛,鳃丝粘连,呈暗红色或灰红色,有明显的腥臭味	鳃丝黏结,覆有脓样黏液,有腐臭味
眼睛	眼球饱满,角膜光亮透明	眼球平坦或稍有凹陷,角膜暗淡或稍混浊	眼球凹陷,角膜混浊或发糊	眼球完全凹陷,角膜模糊或呈脓样封闭
肌肉	肌肉坚实,富有弹性,肌纤维清晰有光泽	肌肉组织紧密,并有弹性,压出凹陷能很快复平,肌纤维光泽较差	肌肉松弛,弹性差,压出凹陷后复平较慢,肌纤维无光泽,有异味,无腐臭味	肌肉纤维模糊,有腐臭味

表 2-1 是对鱼类鲜度从感官方面归纳的一般要求。具体确定渔获物的鲜度等级时,应据上述各项指标进行综合评定;还应根据各个鱼种的特点,区别对待,不能机械地硬套。如鲐鱼、鲹鱼容易产生腹部离骨、肌肉破裂现象,在评定时就不能单看肌肉这一项指标;又如鲳鱼的鳞容易脱落,因而,一级鲳鱼中也应允许有较大面积的脱鳞现象。

资讯三　渔获物腐败变质的影响因素

渔获物从僵硬阶段到腐败变质,发生了复杂的生化反应。从保鲜的角度讲,这个变化过程越慢越好。各种保鲜方法也仅是延长该过程的时间。为此,了解渔获物腐败变质与哪些因素有关是有必要的。

一、温度

温度是决定鱼类腐败变质速度和保鲜期长短的主要因素。在温度较高时,细菌的繁殖速度快,鱼体变质也快;随着温度的下降,细菌的繁殖速度降低;当温度降到 0 ℃ 左右时,其繁殖受到一定抑制,鱼体能在某段时间内保持一定鲜度。见图 3-1。

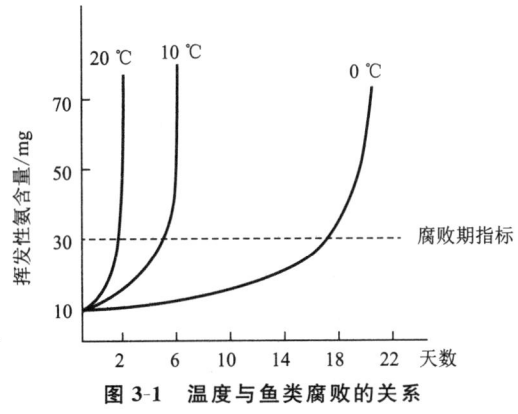

图 3-1　温度与鱼类腐败的关系

采用检测挥发性氨含量的化学方法,测定渔获物鲜度,得出图 3-1 中所示曲线。由图 3-1 可见,当温度在 20 ℃ 时,渔获物 2 天后即进入腐败期;当温度在 10 ℃ 时,渔获物 5 天后进入腐败期;当温度在 0 ℃ 时,渔获物可延长到 18 天后开始腐败。因而,渔获物保鲜工作首先要抓住温度这个主要因素,始终把渔获物保持在低温中。

二、渔获物处理速度与人为损伤

渔获物捕捞上船后,尽快进行处理也是一个重要环节。尤其在夏季气温高、阳光强烈时,更要注意防晒,以免鱼体温度升高,鲜度下降。

在处理渔获物时,人为因素,例如随意使用铁钩、齿耙,用脚踩踏鱼体等,易使鱼体肌肉受破坏,皮肤破裂,鳞片脱落等。细菌得以很快从这些损伤部位扩展到鱼体内部腹腔和肌肉组织,导致鱼体腐败变质。实践表明,凡是受过损伤的鱼体总是先腐败,并影响周围渔获物。

三、细菌污染

海洋中的活鱼,其身体表面、鱼鳃、鱼胃等内脏都附有各式各样的细菌。尤其是底层拖网捕获的渔获物,在入网时又受到底层污泥中细菌的污染。因此,一定要把渔获物彻底冲洗干净后入舱,鱼舱与鱼箱也必须冲洗干净,以减少细菌的初始数量,延长保鲜期限。在捕捞作业中,放网前应尽量除掉留在网内或卡在网目上的死鱼,以免成为污染源。

资讯四　渔获物保鲜方法分析与选择

一、低温保鲜的方法

海上渔获物的保鲜主要采用低温保鲜方法。该方法可分为冷却保鲜和冻藏保鲜。

(一) 冷却保鲜

冷却保鲜是将渔获物冷却并保藏于鱼体冻结点以上温度,即-1 ℃～0 ℃,是渔获物短时间内保鲜的一种方法。常用的有冰藏法和冷却海水保鲜法。

1. 冰藏法

这是一种传统的保鲜法,具有不需要制冷设备,使用方便、经济等优点。但采用冰藏法一般保鲜时间短,保鲜效果比较差。一般多数底栖鱼类适宜于使用冰藏法保鲜。各种渔获物在-1 ℃～0 ℃所能保鲜的时间见表4-1。

表4-1　新鲜水产品冰藏保鲜的时间

种类	温度	贮藏时间
金枪鱼、副金枪鱼、黄鳍金枪鱼	—	2周,最多6周
鲣鱼、长鳍金枪鱼	—	1周,最多3周
底栖鱼类、虾、蟹	—	5天,最多14天
洄游性海水鱼	—	4天,最多10天
贝类、章鱼、墨鱼	—	3天,最多7天

理论与实践表明,在-1 ℃～0 ℃冰藏渔获物的时间不宜太久。因为酶和微生物在-1 ℃～0 ℃仍保留部分活性。例如,鳕鱼捕捞后立即去内脏冰藏,保鲜期可达15天;而鲱鱼用此法的保鲜期只有4～5天。

冰藏时,必须使渔获物和冰充分混合,一般鱼和冰的比例为1∶1。为了保证冰鲜渔获物质量和减少冰耗,一般舱温以1 ℃～2 ℃为宜。如果舱温在-5 ℃(即装有制冷设备),鱼和冰的比例可为2.5∶1。

冰的形状和大小的选择应以有利于鱼体与冰的接触并不伤及鱼体为准。片状冰或雪状冰较之碎冰为好。不同形状的冰对北海鲱鱼的冷却效果见表4-2。

表 4-2　不同形状的冰对北极鲱鱼的冷却效果

冰块形状和冷却方法	鱼体内由 14 ℃～11 ℃冷却至 0.4 ℃时所需时间/分	皮下由 15 ℃冷却至 0.2 ℃时所需时间/分
碎冰冷却	108	150
雪冰冷却	95	58
冷海水冷却	16	9

我国现在小型渔船多采用冰冷却保鲜。在保鲜过程中出现冰块尚未融化而渔获物腐败的现象,说明冰与渔获物混合接触不好,冷却速度较慢。当然这与舱温的控制也有关系。

装有制冷设备的冰藏渔船,能在装鱼前冷却鱼舱并保持舱温。

冰藏时为了保证渔获物的质量,可使用加入防腐剂的抗菌冰等,如在冰中加入浓度为 0.1%～0.5% 的脱氢醋酸(Pehyroacetic Acid)。

2. 冷却海水保鲜法

冷却海水保鲜法又称水冷法,是将渔获物浸渍在冷海水中,并由碎冰或制冷机制冷,使其保持 -1 ℃左右。渔获物和冷海水的重量比一般为 2∶1 或 3∶1。与冰藏比较,冷却海水保鲜能使渔获物得到迅速冷却,并能使保鲜时间延长 30%～40%(据国外试验结果)。

冷却海水保鲜适用于多脂小型渔获物的保鲜,并有利于用吸鱼泵输送和装卸。其缺点是在保鲜过程中鱼体水分和盐分略有增加。例如,未去内脏的鲱鱼在保鲜 6 天后,其盐分增加 1% 左右,对食用和加工有一定影响。为了克服这一缺点,在国外,特别是近海作业的渔船普遍采用冷却海水预冷,然后采用冰藏法保鲜。

3. 微冻保鲜(Partial Freezing)

微冻保鲜亦称局部冻结保鲜,简称 PF 保鲜法。它是将渔获物迅速冷却至 -3 ℃使之微冻(多采用冷盐水冷却而达到微冻),然后在 -3 ℃下保藏。

试验证明,微冻保鲜对某些渔获物具有令人满意的保鲜效果。

微冻保鲜法与冰藏法对含脂量较高的沙丁鱼的保鲜试验情况如下:

采用微冻法贮藏过程中硫代巴比妥酸(TBA)反应比采用冰藏法贮藏过程中的 TBA 反应变化小而平缓(图 4-1)。因为该反应和酸性化合物丙二乙醛的生成量成比例关系,因此,微冻法对于防止脂肪的氧化比冰藏法好。同时,采用冰藏法,沙丁鱼因色素变化而呈黄色;而采用微冻法即便贮藏 10 天,沙丁鱼也可保持原有色泽。

氨基酸的生成量是判断渔获物鲜度的一种简便方法。图 4-2 是即杀鲈鱼肉用冰藏法和微冻保鲜法保鲜的试验比较。微冻保鲜贮藏 10 天内未发现氨基酸增加。在同样的条件下用 -2 ℃进行保鲜试验,结果微冻保鲜法和冰藏法保鲜效果差不多。虽然仅有 1 ℃之差,但对其肌肉组织的代谢产生了显著影响。当然温度的不同而导致的生化方面的变化,不单表现在氨基酸生成量方面,还反映在鲜美度等方面。

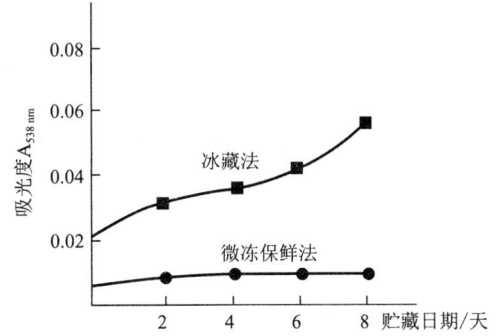

图 4-1　沙丁鱼的冰鲜与微冻保鲜贮藏中的 TBA 反应

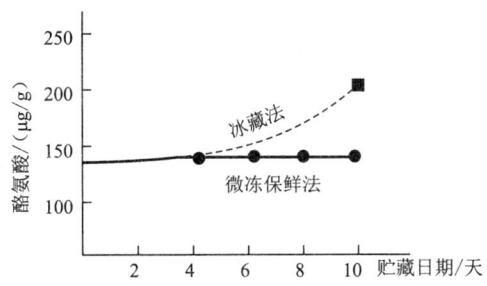

图 4-2　鲈鱼肉的冰鲜及微冻法贮藏时游离氨基酸生成量

多数海水鱼的冻结点在 $-2\ ℃ \sim -1\ ℃$。当渔获物迅速冷却至 $-3\ ℃$ 时，鱼体表面结冰，这样可以抑制外界微生物对鱼体的作用；而鱼体内并未冻结。实际上当舱温 $-5\ ℃$、鱼体温度 $-3\ ℃$ 时，鱼体结冰率仅是 $1/3 \sim 1/2$。所以，在该温度不会造成粗大冰结晶对细胞的破坏。各种鱼的冻结率见表 4-3。

表 4-3　鱼类和鲸类的冻结率/%

温度/℃ \ 种类	$-0.5\ ℃$ 淡水鱼/%	$-0.75\ ℃$ 咸淡水鱼/%	$-1.5\ ℃$ 洄游性海水鱼/%	$-2\ ℃$ 底栖性海水鱼/%
-0.5	0.00	—	—	—
-1.0	50.00	25.00	—	—
-1.5	66.67	50.00	0.00	—
-2.0	75.00	62.00	25.00	0.00
-2.5	80.00	70.00	40.00	20.00
-3.0	83.33	75.00	50.00	33.33
-4.0	87.50	81.25	62.50	50.00
-5.0	90.00	85.00	70.00	60.00

由上述实验与分析结果可知，对于耐冻性差的渔获物（多属于底栖鱼类）采用微冻保鲜法是合适的；对于作业时间不太长的拖网渔船，采用微冻保鲜法较为有利。欧洲国

家与加拿大多采用此法保鲜。

(二) 冻藏保鲜

较长时间贮藏渔获物,目前常采用冻藏保藏,即将渔获物冻结、贮藏在冻结点以下的温度。现在冻藏保鲜法有向超低温发展的趋势。例如,金枪鱼的冻结温度由20世纪60年代的－35℃～－30℃发展到20世纪70年代的－55℃～－50℃,其他鱼类的冻结温度也由－25℃发展到－40℃。

在冻结过程中,首先要考虑鱼体所含蛋白质的性质,这样就有一个耐冻与非耐冻的问题。非耐冻性鱼的蛋白质较某些耐冻性鱼(如鲔、鲣)的蛋白质容易变化。日本科学家曾对此做过实验,将拖网渔船捕获的鲜鱼(黄花鱼、鲷)在－80℃进行速冻,并在－40℃贮藏了一个月,然后以冻品鱼制成板鱼豆腐,经检验制品质量很差,弹性完全消失。我们也都知道,如鲆、鲽等鱼,当冻结温度、冻结速度选择不合理时,冻品解冻后肌肉完全失去弹性,有时成了"肉糜"。

这些鱼耐冻性差的原因,一般可从3方面分析,即鱼肉中含水量、肌肉纤维的构造、蛋白质的量和质。耐冻性强的金枪鱼、鲐鱼、鲹等含水量是65%～75%,耐冻性差的鳕鱼、鲈鱼、蟹等含水量是80%～82%。耐冻性差的鱼肌肉细胞一般很大。鲹、鲐的是0.1 mm,乌贼、章鱼的是0.005 mm,而鳕鱼的是0.2 mm,蟹的是0.5 mm。这类渔获物的肌肉细胞细胞膜疏松,冻结过程中水分容易从细胞中溢出,并在细胞外形成冰晶。耐冻性差的鱼,一般蛋白质含量较低,鲐鱼蛋白质含量约为20%,鳕和蟹的约为15%。此类鱼中能够保持水分的蛋白质很少,这是蛋白质容易变性的一个原因。

上述情况告诉我们,对于不同渔获物的冻结方法、温度、时间不应相同。对于非耐冻性的渔获物,如果保鲜时间不是很长,还是冷却保鲜较为合适。

二、渔获物的冻结温度与方法

1. 冻结温度

渔获物冻结保鲜时,冻结温度应依鱼类的冻结性能而定。美国Arsdel等人根据10年的研究实验,于1961年提出了冷冻食品品质保持的时间—温度容许限度(T.T.T.)研究报告。报告指出食品(包括鱼类)冷冻贮藏温度应在－18℃以下。

国际食品法典委员会专家会议也确认:① 冻前应对欲冻物进行处理(清洗、预冷或除内脏);② 应急速通过－5℃～0℃最大冰结晶生成带;③ 使冻品的中心温度在－18℃以下贮藏。把鱼冻结和贮藏于－18℃半年至1年,其质量仍然令人满意。

2. 冻结方法

渔获物的冻结方法,应视渔获物种类、冻结温度等要求而定。目前较普遍的是对渔获物先进行冷海水预冷,再进行速冻。从20世纪60年代开始,立式平板冻结机发展很快,特别适用于冻结鳕鱼整体鱼(即没有去头、尾和内脏的鱼),如若鳕、黑线鳕等;也适用于冻结鲆鱼、鲽等渔获物。

浸渍式冻结主要用于冻结个体较大的渔获物,如金枪鱼等。近年来,许多国家采用冷海水预冷后,将其抽出再注入更低的冷盐水,使渔获物迅速冻结(有的再将已冻渔获物进行冰藏或在冷藏舱中贮藏)。目前除了用氯化钙盐水外,日本等国曾用乙醇—盐水进行冻结试验。为了防止在冻结过程中盐水渗入鱼体,采用低温速冻,用乙醇水溶液加一定量的食盐,使冻结温度降到－35 ℃以下,效果较好。

用冰藏法和微冻保鲜法时,除了可以用冷却盘管冷却水溶液外,在清水中加1.6%的食盐,也能达到降低温度的效果。

此外,吹风式冻结在大型加工船和陆地上也有所应用,特别是回转螺旋式的冻结装置已被采用,有利于连续生产和提高生产率。

资讯五 捕捞渔船渔获物保鲜操作

一、渔获物的冷却保鲜及冻藏保鲜

(一) 鱼类死后的变化和保鲜原理

1. 死后僵硬阶段

此阶段与温度有关。夏天僵硬期一般不超过数小时;冬天或冷藏条件下,僵硬期可维持数天。

2. 自溶作用阶段(软化期)

气温高,自溶作用进行快;气温低,则自溶作用进行得缓慢,甚至完全停止。

3. 腐败变质阶段

略。

(二) 渔获物冷却保鲜

一般温度在 $-1\ ℃ \sim 0\ ℃$ 是广泛采用的方法,可保藏 1 个星期左右。

1. 冰藏冷却保鲜步骤

捕获的渔获物及时清洗→理鱼分选→撒冰装箱(撒冰要均匀,层鱼层冰)→放置在隔热的环境中。

大型鱼和特种鱼,可去鳃和剖腹除内脏后,腹内填冰,再撒冰装箱。容器底部开一小口,便于融水流出。鱼和冰比例一般为 1∶1。

2. 冷却海水保鲜步骤

将渔获物浸渍在 $-1\ ℃$ 左右的冷海水中。

(1) 冰水保鲜法。先用碎冰把海水(或清水)降温至 $-1\ ℃$(清水至 $0\ ℃$)保存 $3\sim5$ 天。冰水的配制按"用冰量=(水重+鱼重)×水的初温/80"来计算。鱼与水的重量比大致为 2∶1 或 3∶1。

(2) 冷却海水保鲜法。先制备 $-1\ ℃$ 左右的冷海水,一般保鲜时间为 3 天。

(3) 冷海水喷淋保鲜法。水温降至 $-1.5\ ℃$,使鱼体温度保持在 $-1\ ℃$ 左右,保鲜时间为 $7\sim10$ 天。

3. 水产品的微冻保鲜步骤

在 $-3\ ℃ \sim -2\ ℃$ 冷却渔获物,使鱼体水分部分冻结。保藏期为 $20\sim27$ 天,保鲜效果好。

(1) 冰盐混合微冻法。碎冰中加 3% 的盐,可使温度达到 $-3\ ℃$,可用于短时间保鲜或冰藏前预冷。

（2）低温盐水微冻法。先制备含盐 10% 的海水,在降温到 −5 ℃ 时放入洗净的渔获物。鱼体温度冷却到 −3 ℃～−2 ℃ 时,浸泡 3～4 小时。之后将渔获物装箱,移入 −3 ℃ 的鱼舱内保藏。

（3）空气冷却微冻法。用冷风吹向盘装渔获物,微冻间 −5 ℃。鱼体温度达到 −2 ℃～−1 ℃ 时,移入 −3 ℃ 保温间保藏。保藏时间可达 20 天。该法缺点是鱼体表面容易干燥。

（三）渔获物的冻藏保鲜步骤

渔获物先冻结至 −15 ℃ 以下,再移入 −18 ℃ 以下冻藏库中冻藏,可保藏数月至 1 年。

1. 冻前处理

一般原料鱼捕获后需要进行清洗、分类、冷却保存、速杀、放血、去鳞、去内脏、漂洗、挑选分级、称量、装盘等操作(图 5-1)。海鱼不需放血、去鳞、去鳃、去内脏等。去头、去尾等合起来统称为"三去"或"四去"。

图 5-1　洗鱼机:清洗拖网作业渔获物

2. 冻结

冻结时渔获物装盘不能太厚。

3. 冻后处理

冻后处理包括脱盘、镀冰衣和包装等。

4. 低温冻藏保鲜

冻藏温度在 −18 ℃ 以下。发达国家一般将冻藏温度设在 −30 ℃。控制库房温度,将库温波动控制在 3 ℃ 以内。

（四）经济鱼类冷冻加工方法

1. 冻(海水)鲳鱼

工艺流程:新鲜原料鱼→冲洗→挑选分级→称量→摆盘→冻结→脱盘→镀冰衣→包装→成品冷藏。

2. 鳕鱼片冷冻加工

工艺流程：去头冷冻鳕鱼→解冻或新鲜原料鱼→理鱼→切头→泡洗→割片→剥皮→整形→挑刺修补→挑虫→漂洗→称重→内包装→冻结→出盘→检验→外包装→装箱→成品冷藏。

（五）虾蟹类的冷冻加工方法

1. 对虾冷冻加工

工艺流程：前处理→冰水洗涤→沥水→称量→摆盘→灌冰水→翻盘沥水→冻前检验→速冻→加水制作冰被（分两次灌水）→脱盘→镀冰衣→包装前测温→包装→检验→成品冷藏。

2. 梭子蟹冷冻加工

工艺流程：原料→挑选→清洗→沥水→装盒→速冻→脱盘→称重→镀冰衣→包装→冷藏。

（六）鱼糜类生产工艺

1. 冷冻鱼糜生产工艺

pH 5.2～5.5 时鱼肉凝胶弹性最差，在 pH 6.5～7.5 时凝胶弹性最好。

工艺流程：原料鱼→鱼体洗涤→去头、内脏、鳞或皮→第 2 次洗涤→采肉→漂洗→脱水→精滤→加添加物、混合→称量、装袋→冻结→冷藏。

2. 鱼糜制品生产工艺

工艺流程：冷冻鱼糜→解冻→擂溃→成型→凝胶化→加热→冷却→包装→速冻→冷藏。

二、金枪鱼延绳钓渔获物处理及加工

（一）综述

1. 甲板上处理

（1）避免鱼体瘀血。鱼捕捞上甲板以后，阻止其蹦跳，以免造成体内瘀血。瘀血以后，会造成 5 倍面积肌肉的损坏，尤其在腹部。

处理的方法：将鱼放在地毯上，双手按住鱼，用锤击鱼的头顶部，但注意不要打碎，之后立即放血。

（2）切尾。通常用锋利的刀在背鳍倒数第 3 至第 6 节之间切断。对个体较大的鱼，为防止切断后的尾部过细，要在倒数第 4 至第 5 节之间切断。

（3）切断血管。在金枪鱼的胸鳍后部有动静脉两条血管。切断处刀口深 5 cm，长 4 cm。切的程度要适当。如刀口切入过深，血会浸入内部肉里，肉质降低。即使鱼在水中已经死亡，也必须进行上述操作。

（4）切断心脏前的头动脉。将心脏前的头动脉切断，用海水冲洗鱼体，防止鱼体温度上升，然后进行排血操作。

(5) 排血。在鱼鳃内膜割一个洞,用水管将海水由此灌入,到基本无血为止。血是否排净以尾部无血为准。

(6) 头后部的销钉插入。销钉插入,是在排血处理结束后进行的。这一操作旨在破坏鱼脑的软骨,使鱼处于死亡状态。销钉插入的位置在头部的内点或凹陷处;或在鱼眼上方的头顶部。

(7) 去内脏和鳃。用锋利的刀沿腹部从肛门剖开至胸鳍,取出鱼的内脏,用海水冲洗干净。操作时应注意,贴在腹腔内壁的一层膜也要取出,并用海水冲洗腹腔。

切鳃是将鱼鳃骨膜沿鱼鳃边缘剖开,去掉部分鳃。去鳃时,鱼鳃后部切的块要尽可能大,最好是刀沿鳃内侧平推到触及骨头为止,然后从鱼鳃上部直切断鳃。去鳃后,用小匙将鱼鳃内部骨头上附着的杂肉剃掉,但不要将鱼鳃内的肉刮破。

(8) 洗涤。刷洗鱼体时,必须从尾部向头部刷洗,再进行海水冲淋。之后分别在准备室制作冰衣,再送到结冻室保藏,使商品鱼达到优质高价要求。

2. 冰鲜过程

(1) 舱底和舱壁处理。舱底和舱壁要用 30 cm 冰铺垫。放鱼时离开舱壁 30 cm,并用冰填充空隙。把冰从鱼嘴往鱼腹里塞,注意塞满、塞实。

(2) 放置。鱼体平放,相邻两条鱼间隔 30 cm,中间用冰填实。每两层鱼之间也要保持 30 cm 的冰层。层与层之间鱼的摆放要错开,且头尾倒置。摆完后封上冰,盖上冰被。这样冰鱼过程结束。

(3) 敲冰及两次盖冰。一般在第二天冰鱼前,要将前一天冰鱼的所覆冰重新敲碎,覆盖一层冰后,再重新冰鱼。冰鲜鱼贮藏的温度,控制在 0 ℃~2 ℃之间为宜,最高不超过 5 ℃。冰鲜的保鲜期一般为 12 天,最长不超过 14 天。

3. 氯化钙盐水冻结法

氯化钙盐水比氯化钠盐水水温低,冻结速度快,产品质量较优。

工艺流程:金枪鱼去头、去内脏→海水洗净→称重→氯化钙水冻结→海水洗净→淡水包冰衣→冷藏。

该工艺能缩短冻结时间,节省能源。用 -25 ℃的氯化钙盐水与 -55 ℃的管架空气冻结效果相等, -45 ℃氯化钙盐水与 -99 ℃~ -75 ℃的管架空气和 -80 ℃~ -100 ℃的氮冻结效果相当。但是使用氯化钙盐水冻结时腹部有裂开现象,防止腹裂的措施是进行均温处理。当鱼体 7 cm 深处达 -5 ℃时,在静止空气中 -7 ℃~ -5 ℃均温处理 4 小时或在静止盐水中均温处理 1 小时,均温处理后进行二次冻结。使用 -45 ℃盐水冻至金枪鱼中心温度为 -40 ℃即冻结完成。这样处理,鱼肚不破裂,外观好。用塑料袋装鱼,鱼肉不会渗入氯化钙盐分,鱼肉无苦涩味。

(二) 大型超低温冷冻金枪鱼延绳钓作业的渔获物处理

大型超低温冷冻金枪鱼延绳钓作业的渔获物主要是作为生鱼片原料,是用来生吃的高级鱼产品,必须采用非常严格的处理和冻结方法,保证生产出满足市场需要的商品,并获得应有的市场销售价格。

金枪鱼如果没有按照要求进行严格的处理和冻结,生产出来的只能是次品鱼,售价降低20%~30%;如不能加工成生鱼片,其售价会降低80%~90%。

1. 在甲板上处理渔获物的过程

(1) 准备工作。事先准备齐全并磨利处理鱼用的刀具。经常用海水冲洗甲板,降低甲板面上的温度,便于在处理过程中保持鱼体的鲜度。

(2) 及时将鱼击昏。若刚钓上来的鱼是活的,应立即用大木槌——不可用金属器具——敲击鱼的脑部,把鱼打闷。这样可防止发生危险。鱼蹦跳会使鱼体温度升高,影响后续冷冻工作,进而影响肉质。另外,鱼体拍击甲板后会使鱼体内部产生结血,造成次品。应注意的是不可敲击鱼身,包括在整个处理和搬运过程中禁止碰、敲鱼身,以防止鱼体外部变形,内部结血而成为次品。

(3) 切尾。从倒数第3与第4副鳍之间,在靠近第4副鳍处切下。此处正好是脊髓骨节交界处,容易切断。应注意若尾部切除太短,则因尾部收束,血管变得狭小,不利于放血;若尾部切除太长,则影响鱼体外观,且减少了鱼体的质量。

(4) 放血。在鱼体两侧胸鳍附近切断两侧的血管。放血刀口的长度为4~5 cm,深度在10 mm左右即可。若切得太深,则血会渗透到鱼体内部,甚至会顺着鱼骨渗透到整尾鱼的内部,造成内部结血。因此务必用专用的放血刀来放血,以保证适当的刀切度。

(5) 杀死。不管钓上来的是活鱼还是死鱼,都必须在短时间内破坏鱼的脑神经和脊神经,使中枢神经完全停止活动,以利于彻底放血和降低鱼体温度。其方法如下:

① 使用专用工具穿刺脑门,再用刺脑椎刺入脑内,来回捣鼓整个脑神经。

② 使用长1.5~2.0 m的尼龙单丝,从被刺穿的脑部插入一直通到尾部,破坏脊神经。

(6) 冲水放血。用海水冲洗鱼体内的血。

① 切断从心脏至鳃的动脉。

② 在鳃盖中后部挖洞,将水管插入洞内,放海水朝尾部方向冲水。为防止鱼体和腹部裂开,水压不宜过大。冲洗时血会从两侧放血刀口和尾部流出,冲洗时间不必太长,待血水基本变清时即可。

(7) 剖腹取内脏。

沿腹部从鱼的肛门处切开到腹鳍,取出内脏,刮净腹腔膜。内脏最容易腐烂,会使鱼体带上臭味,一定要清除干净。

用刀切开鱼肚和切除内脏时一定要特别注意,不可割伤腹腔肉体。对于黄鳍金枪鱼来说,不可将腹腔前部的一块隆起的肉割掉。若鱼体有伤口,冻结时该处鱼肉就会炸开,成为次品。同样,在用钩子将鱼从海里钩起来时,只许钩鱼的头部,绝不可钩鱼体任何部位。

(8) 其他。

切除两侧鳃盖和鱼鳃,用刷子将鱼鳃周围的鱼体刷干净。切除胸鳍、腹鳍、背鳍和尾鳍。用绳子穿过鱼尾打结,对于较大的鱼,直径60~70 mm的绳子可用单股,直径

50 mm以下的绳子要用双股。用海绵将鱼体表面和腹腔内的积水擦洗干净。注意不可用硬的刷子刷鱼体表面,以免鱼失去其应有的光泽。

为了保证鱼体质量,在甲板上处理的时间越短越好。处理后的鱼,必须立即搬入冻结室内冻结,不宜放置在工作室内,更不允许搁留在甲板上。

如果因渔获物数量过多,一时难以处理,可放慢或暂停起钓,将鱼留在海中以保持鲜度,因为深水处的温度比甲板温度要低得多。

将鱼搬入冻结室时,注意不要磕碰鱼体。最好采用滑板和担架搬鱼,这样既可保护鱼体,又可减轻劳动强度。

2. 生产渔场和重量等级的标记

每尾鱼处理后,必须标记上生产渔场、作业时间和重量等。

(1)生产渔场和作业时间标记。不同渔场(经纬度不同)和不同作业时间(如季节变、年内还是年初)捕获的鱼,其市场评价往往不一样。因此要对捕获的每尾鱼做标记,以区别不同渔场和不同作业时间的渔获物。一般可用不同颜色的尼龙膜带系在鱼头(鳃孔)以示区别。

(2)质量等级标记。解剖好的鱼都要称重记录。同一质量等级的鱼价格一样。鱼的质量等级分法见表5-1。一般大眼金枪鱼25~40 kg等级和黄鳍金枪鱼15~25 kg等级用不同颜色的尼龙膜带系在鱼尾的绳子上。其他重量等级的鱼因大小相差很大,容易辨认,不必做标记。

表 5-1　金枪鱼的质量等级分法

大眼金枪鱼	黄鳍金枪鱼	备注
40 kg 以上	25 kg 以上	—
25~40 kg	15~25 kg	做标记
15~25 kg	15 kg 以下	
15 kg 以下	—	

(3)渔获物明细表。每次转载后要提供一份详细的渔获物明细表,便于统计管理和核对,并提供给买主。

3. 金枪鱼超低温深冷冻结的基本知识

高品质的金枪鱼鱼肉必须具有良好的鲜度并保持其特有的鲜红色。在渔获物的处理方面,除了在甲板处理时保证品质外,尚需特别认真地做好金枪鱼的冻结工作。冻结工作非常复杂,首先应了解金枪鱼冻结的基本知识。

(1)必须采用-60 ℃超低温深冷冻结。金枪鱼在冻结时,鱼肉细胞内的水分在-1.5 ℃开始冻结,到-60 ℃时细胞内的水分全部冻结成结晶体。因此金枪鱼的共晶点为-60 ℃,即在-60 ℃时金枪鱼达到完全冻结,其细胞中的生物化学反应被维持在停止状态,从而得以长期保持鲜度。如果冻结温度达不到-60 ℃,细胞内未能冻结的部分会发生变质,时间长了鱼肉会发黑。

金枪鱼从捕获到消费一般要半年以上,为了长时间保持金枪鱼的鲜度,其冻结温度均需达到-60 ℃。在这样的温度下,金枪鱼的鲜度可以良好地保持一年半到两年的时间。

(2) 必须采用急速冻结。金枪鱼在-1.5 ℃～-5.5 ℃开始冻结时,其细胞变成结晶体的体积最大,使细胞膜破坏。在鱼体解冻时,水分便会从组织内流出,带走金枪鱼特有的鲜味,大大降低其价值。为了保证金枪鱼的品质,应采取急速冻结。把"-1.5 ℃～-5.5 ℃最大冰结晶生成带"的通过时间缩短到最小,即提高冻结速度,是金枪鱼冻结中最重要的工作。

急速冻结主要措施如下:

① 尽量保持冻结室低温。冻结室的温度在-60 ℃时,通过"最大冰结晶生成带"的时间为3～4小时,而在-30 ℃时的通过时间为8～9小时。

② 加强鱼体表面的传热效率。鱼体表面的传热效率是由通过鱼体表面的风速来决定的。在一般情况下,流过鱼体周围的空气将带走鱼体约90%的热量,而由冻结板直接从鱼体带走的热量只有10%。

4. 冻结处理过程和注意事项

(1) 冻结前的准备工作。要经常清除冻结室内的结霜,以免降低冻结能力。发生结霜的原因主要是室外空气的侵入和鱼体水分的散失。在起绳之前,一定要开足冷冻机,将冻结室预先达到船能够达到的最低温度。

(2) 冻结室的使用方法。冻结室是专门为了冻结金枪鱼而设置的,必须充分发挥冻结室的冻结能力来冻结金枪鱼。不能把冻结室作为鱼饵库或者冷冻食品库。

对于只有3个冻结室的渔船,可每天使用1个冻结室,3天一循环,保证鱼在冻结室中冻结60个小时以上。对于有4个冻结室的渔船来说,若每天的渔获物的量在1 t左右,则可每天使用1个冻结室。若每天的渔获物的量超过1.5 t,则应该每天使用2个冻结室;使用方法如下:

前半天的渔获物放入1号冻结室,1号冻结室放满后,后半天的渔获物放入2号冻结室。出库时,先出1号冻结室的鱼,过一段时间后再出2号冻结室的鱼。用这样的方法不会使冻结室放鱼过多,从而提高了冻结速度,又可保证鱼在冻结室内的冻结时间接近48小时。因此这一方法被许多金枪鱼渔船采用。

(3) 金枪鱼在冻结平板上的排列方法。

① 鱼体和鱼体不能靠在一起。若并靠在一起会发生接触变形,且不利于通风。

② 鱼头必须朝向鼓风机排列(图5-2)。

③ 鱼嘴要保证自然张开,使风可以从鱼嘴直接吹到鱼的腹腔,加快冻结。鱼嘴不能紧闭,但也不要张得过大,以免造成外观不良。

④ 个体较大且经济价值较高的鱼(如40 kg以上的大眼金枪鱼)尽量靠近鼓风机出口处。

⑤ 冻结室内的过道处冻结效果很差,因此不要把鱼放在冻结室的过道上冻结。

⑥ 在冻结过程中,不要翻动鱼体。

(4) 排列时应注意的事项。冻结速度由通过鱼体表面的风速决定。在鼓风机转速一定的情况下,鱼体表面风速由冻结平板上鱼的放入量(密度)决定。

① 使鱼体之间应留有足够的空间,便于通风。在放入量为最佳的状态下,鱼体表面风速约为 2.5 m/s。

② 在放入量达到设计的最大量时,鱼体表面风速约为 1.0 m/s。一般情况下,一个冻结室设计的最大放入量为 1.3~1.6 t。

③ 若无视设计的最大放入量,在冻结平板上塞满鱼,则鱼体表面风速约为 0.2 m/s。在这种状态下冻结速度非常慢,即使冻结 48 小时之后,鱼体的中心温度还远不能够达到所要求的 −60 ℃。总之,应尽量避免在冻结平板上放入过多的鱼。

(5) 鱼体在冻结室内的冻结时间。70 kg 重的大眼金枪鱼放入冻结室后保持冻结室的门紧闭不开,要经过 36 小时以上,鱼体的中心温度才可降低到所要求的 −60 ℃。但在实际作业过程中,由于要经常开关冻结室的门,造成冻结室温度升高。因此,在实际作业时鱼要在冻结室内冻结 48 小时以上,鱼体的中心温度才可降低到 −60 ℃。

当冻结室的温度降到 −60 ℃ 时,鱼体的温度还很高。因此,不能单纯用冻结室的室温来推断鱼体的中心温度。

在冻结室内冻结时间不足的鱼不许提前出库放到鱼舱中,鱼舱只能保温不能降温。冻结时间不足的鱼在较长时间存放后会发生变质。

(6) 冻结过程中尽量保持低温。

① 在整个冻结过程中一定要开足冷冻机,保证冻结室一直处于足够的低温状态。

② 在作业中因进出工作室和冻结室会造成室外空气的侵入,使温度升高且还易造成结霜。因此,在作业过程中要尽可能地减少不必要的开门次数。

③ 一天作业完毕后,必须紧闭冻结室门,直至鱼从冻结室出冻为止,中途不得任意打开门。

(7) 鼓风机的操作。如前所述,鱼体 90% 的热量是由鼓风机发出的冷风带走的,因此鼓风机在冻结过程中发挥着很重要的功能,千万不可忽视。

在整个冻结过程中,必须一直保持鼓风机运行,不许关停。在当天作业完毕紧闭冻结门后,至少要保持鼓风机高速运转 24 小时以上。其后因冻结室的温度已降至很低,为了减少鼓风机高速运转而产生不必要的发热(不是为了省电),这时可降低鼓风机的转速,但不可停机。

5. 鱼体包冰和鱼舱管理

(1) 鱼体包冰。鱼体在冻结室内冻好出冻时,要立即进行包冰,也就是在鱼体表面包裹一层薄冰。包冰的目的是使鱼体表面与外界空气隔绝,维持鱼体内的冻结温度;保护鱼体表面;防止鱼体表面干燥而引起的鱼肉变黑变质。因此,包冰作业一定要认真执行,绝不可草率行事。

① 包冰的水必须使用 0 ℃ 的淡水。

② 包冰的厚度为 1 mm 左右,整尾鱼浸入水中略加抖动,3 秒后拿起即可。

③ 包完冰的鱼在搬运和下舱时,一定要小心轻放,以免破坏鱼表面的包冰及损伤鱼体。

(2) 鱼舱管理。在日本有关金枪鱼买卖的合同中一般都有明文规定：所提供的金枪鱼的温度必须低于-50 ℃。若达不到-50 ℃，则整批鱼会被认为保冷温度不够，视为次品，降低鱼的售价。把鱼转载给运输船时，运输船都会抽取数尾鱼钻孔测温，并加以记录，经双方船长签字后存档。

金枪鱼保冷应该注意以下事项：

① 鱼舱温度要冷却到-55 ℃以下后，才可将包冰后的鱼放到该鱼舱中。

② 在长期运行过程中时刻注意鱼舱的温度。

③ 鱼舱盖一定要盖严密。

④ 鱼舱温度达不到-55 ℃以下时，切勿将冻鱼放到鱼舱中。由于鱼舱温度高于鱼体体温，会导致热量向鱼体传递，这样会破坏包冰层，造成鱼体变质。

⑤ 杂鱼要用另外的、隔离开的鱼舱来保存，千万不要与金枪鱼混在一起。

金枪鱼的处理（从起绳开始到最后放入鱼舱保冷）是一个上下衔接紧密的完整作业过程。有许多工作难以分清是甲板处理的责任还是冷冻处理的责任，需要各岗位人员在整个作业过程中始终团结一致，随时互通信息，共同努力才能生产出高质量的金枪鱼。

图 5-2　金枪鱼自动悬吊式连续冻结

（三）小型金枪鱼延绳钓渔获物的处理与加工

1. 准备好处理金枪鱼使用的工具

金枪鱼在拉到甲板之前，金枪鱼加工处理师应该准备好下列工具，以便能够迅速处理金枪鱼：手套（最好是棉质的）；用于放金枪鱼的垫毯或者泡沫垫；击昏金枪鱼的木棍；若干根用于切断或破坏金枪鱼的脊神经的尼龙单丝绳（Tanagauchi 方法）；放血和去除内脏用的刀；洗刷鳃腔的硬刷子；有弹性的棉质鱼套，当鱼体放入海水中时该套起保护作用。

2. 金枪鱼从海中拖到甲板上的处理

金枪鱼的外观是影响金枪鱼价格的重要因素,因此必须谨慎对待每一尾金枪鱼的处理加工。处理师在处理金枪鱼全过程中必须戴手套,不戴手套处理加工金枪鱼会在金枪鱼的体表留下痕迹。在甲板上处理金枪鱼时的步骤和注意事项如下:

(1) 用手钩钩住金枪鱼的头部。

(2) 不得钩住金枪鱼的躯干部、喉部和心脏。如果手钩在金枪鱼躯干上留下痕迹将使金枪鱼的外表失去市场吸引力,销售价值降低。金枪鱼的喉部是一个脆弱的区域。金枪鱼的心脏是金枪鱼体内的血泵。在金枪鱼放血过程中,心脏必须发挥作用,使血液以正确的方式流出。

(3) 对于个体大的鱼,需要两把手钩钩鱼。第二把手钩应钩住鱼的嘴。

(4) 在处理鱼体过程中,可以拖金枪鱼的尾柄。

(5) 金枪鱼应该放置在垫毯上。垫毯的作用是保护金枪鱼在处理加工过程中皮肤免受擦伤,防止鳞片的脱落。

(6) 注意将金枪鱼的胸鳍合拢在金枪鱼鱼体上,以免受到损坏。

3. 在甲板上的剖杀步骤

每尾金枪鱼在抵达金枪鱼销售市场的时候,将接受仔细检查。如果金枪鱼不按照下列方法处理致死,其肉质等级将降低。为了避免金枪鱼生鱼片产值的损失,所有用作生鱼片的金枪鱼,特别是超过 30 kg 的黄鳍金枪鱼和大眼金枪鱼,必须破坏其中枢神经系统。

一旦金枪鱼从海中拖到甲板上,必须立即杀死。杀死后,金枪鱼不会挣扎,也就不会发生金枪鱼拍打甲板所导致的鱼体损伤。

(1) 第一种剖杀金枪鱼的方法程序如下:

① 使用木棍或者其他钝器猛击金枪鱼两眼睛之间的头顶部,击昏金枪鱼。

② 使用木棍将鱼钩从金枪鱼嘴中取出。

③ 将鱼体立起,用双腿夹住靠近金枪鱼胸鳍处,使金枪鱼固定。

④ 用大拇指在金枪鱼头顶部确定软骨点。

⑤ 以 45°的角度向软骨点插入刺脑锥。如果刺脑锥插入正确的话,该金枪鱼将产生一次抖动,鱼体将变成僵直状,金枪鱼口张开,第一背鳍将展开,然后鱼体变软。如果没有出现上述状况,需要重新插入刺脑锥。

⑥ 刺脑锥需要左右摇晃来破坏金枪鱼的脑神经,直到金枪鱼停止运动,上、下颌松弛。

建议在杀死金枪鱼以后,继续捣毁金枪鱼的脊神经(Tanaguchi 方法)。捣毁脑、脊神经将使细胞停止生物化学反应,生产出高质量的金枪鱼。

⑦ 用锯齿状的刀或者小型锯,在软骨点的正上方切除一片肉,暴露出大脑。

⑧ 向大脑里插入一段硬的直径为 2~2.5 mm 的尼龙单丝,并将单丝向前推到脊柱的神经管,捣毁金枪鱼脊柱内的神经,金枪鱼将产生最后一次抖动。

⑨ 将插入到脊椎中的单丝留在脊椎管中,单丝露出约 100 mm。将单丝留在鱼体

中是向买主证明使用了 Tanaguchi 方法杀死金枪鱼。

（2）第二种剖杀金枪鱼的方法程序如下：

① 利用木棍或者其他钝器猛击金枪鱼两眼之间的头顶部，击昏金枪鱼。

② 使用木棍将鱼钩从金枪鱼嘴中取出。

③ 将鱼体立起，用双腿夹住靠近金枪鱼胸鳍处，使金枪鱼固定。

④ 用大拇指在金枪鱼头顶部确定软骨点。

⑤ 使用锋利的刀在软骨点上切 30～40 mm 长度的开口。切口必须足够深，露出大脑。

⑥ 向大脑里插入一段硬的尼龙单丝，并尽可能地将单丝向前推到脊柱神经管的最远程，捣毁金枪鱼脊柱内的神经。

⑦ 将插入到脊椎中的单丝留在脊椎管中，单丝露出约 100 mm。

4. 放血、取内脏和清洗

（1）放血。杀死金枪鱼以后，应该立即放血，这样就能够改善金枪鱼肌肉的外观效果，并能够保持肌肉鲜度。金枪鱼大脑破坏以后，心脏继续跳动数分钟，放血口会更快地让心脏泵出鱼体中的血液。生鱼片制作专家认为没有放血或者部分放血的金枪鱼肌肉中会出现暗红色小血管。在金枪鱼拉到甲板之前的挣扎中，血液含有高浓度的有机排泄物乳酸，提高了鱼体温度。有时鱼体温度达到 35 ℃。放血后可以排泄废物，降低鱼体温度，这样鱼体冷冻更快，质量得以提高。放血过程对于金枪鱼生鱼片的质量和生鱼片的价格非常重要。

具体操作程序如下：

① 用刀在胸鳍基部向后 50～100 mm 处切开金枪鱼。放血口最多 10 mm 深，与胸鳍的凹进处垂直。鱼体两侧都需要开放血口。血液从放血口自由流出。在胸鳍基部凹进处皮肤的正下方有 1 对主血管，如果与胸鳍的凹进处垂直地插入放血刀，就很容易切断主血管。金枪鱼买主会很容易地看到放血口。

② 切开在鳃盖和鳃之间的膜，切断供应鳃的动脉，然后将灌有海水的龙头放在金枪鱼口内，冲洗鳃腔内的血液。

③ 鱼体放血需 5～10 分钟。

④ 有些买主要求在金枪鱼尾部两侧开切口，这个切口在从尾开始的第三和第四副鳍之间，该切口影响放血效果，只有买主要求做时才做。

（2）取内脏。金枪鱼的内脏含有大量细菌，这些细菌会加速鱼体的变质，因此应该尽快去除。

具体操作程序如下：

① 沿金枪鱼腹部从胃开始切 1 条 100～150 mm 长的切口，直到肛门前 10 mm 处。切口的方向是顺着鳞片方向，即朝向肛门。

② 切断消化道和性腺在肛门处的连接点。

③ 从切开处取出消化道和性腺。

④ 另一种在腹部开口的方法也是切开 100～150 mm 长的切口，切口不在肛门前停

止,一直切到肛门,在肛门口成为1个圆圈。用这种方法去除内脏及肛门,避免了细菌在腹腔内扩散。

⑤ 在两侧鳃盖的后缘插入刀,向眼睛方向切100 mm。这样做容易进入鳃腔,方便取出内脏。

⑥ 切断鳃和下颌之间的联络。

⑦ 切断两侧鳃和鳃盖之间的膜。

⑧ 切断鳃和大脑脑颅基部之间的联络。通过鳃盖取出一整块的鳃。有时,由于性腺和腹腔膜的连接未割断,取出比较麻烦。

(3) 清洗。为了确保金枪鱼质量,待放血和取出内脏以后,必须彻底清洗,去掉残血和其他残留物。

具体操作程序如下:

① 用刀剔除粘在鳃盖上的膜,可以看到白色的骨骼。

② 去除鳃腔中的肉、肌腱和膜。

③ 用力刷大脑脑颅基部和脊椎骨,去除血块和肾脏。

④ 洗刷腹腔的内部,不要去除白色的膜状物质,这是金枪鱼的鳔,它盖在脊椎上。

⑤ 仔细清洗金枪鱼鱼体内外两侧。

⑥ 切除金枪鱼尾鳍的两叶。有些金枪鱼买主对于大个体的黄鳍金枪鱼有特别要求:成体的黄鳍金枪鱼第二背鳍和臀鳍很长,需要使用锯子切除。成体的大眼金枪鱼背鳍和臀鳍比较短,建议这些鳍条保留,不要切除,以便买主一眼可以识别鱼种。

⑦ 鱼体放入冷海水中或者冰中。

5. 冷藏保存

金枪鱼在特定的条件下,如捕获时受到胁迫和挣扎,体温短时间内上升到35 ℃~40 ℃。为了确保金枪鱼的良好质量,鱼体的内部体温必须尽快降低到0 ℃,并且在甲板储藏、转运、包装和运输时都维持在0 ℃。

为了获得高质量的金枪鱼生鱼片,可采取两种方法。

(1) 冷藏。把金枪鱼放入夹带碎冰的海水中来降低鱼体内部温度;24小时后,把金枪鱼放入冰中储藏,直到靠港口。

(2) 冷海水。冷海水的优点是金枪鱼浸在海水中,整个体表(包括腹腔)直接接触降温媒介,鱼体中心温度得以迅速降低。

① 冷海水的制备。在放置金枪鱼的鱼箱中制作碎冰和海水的混合物,冰与海水的比例大约是2∶1。

② 金枪鱼在冷海水中放置的时间。金枪鱼在冷海水中放置时间的长短根据其个体大小确定。对于小个体金枪鱼(30~40 kg),建议放置6~12小时。个体大的金枪鱼放在冷海水中的时间可以更长些,可达到24小时,以保证鱼体的核心部位降温。尽管金枪鱼可以在冷海水中放置数天,但是我们建议最多只放置24小时,否则鱼体颜色褪去,眼睛变白色。

③ 冷海水水箱的规格。建议使用大的、有几个分隔室和排水孔的鱼箱,体积2 m³

或者更大。海上风浪大的时候,隔离室将限制鱼箱内的金枪鱼的摇动。船上要有2个水箱。

(3) 注意事项。

① 在放入冷海水之前,每一尾金枪鱼均应该用棉纱布套,或者用多孔的塑料袋包裹。这主要是为了防止金枪鱼鱼体之间的摩擦损伤。纱布套在出口之前包装时取下,洗好后再次使用。

② 海水中加入盐可降低温度,更快地冷冻金枪鱼。

③ 定期检查冷海水,并视情况加冰。充分搅动冰水混合物,避免形成高温度区域。

④ 冰水混合物中冰过少,或者鱼箱中鱼体过多,将导致冷冻质量差,金枪鱼鱼体质量受损。

⑤ 利用探测温度计测定金枪鱼鱼体中心部位温度。

⑥ 当金枪鱼鱼体降温充分以后,鱼体中心部位的温度即在0 ℃和3 ℃之间时,金枪鱼必须从冷海水水箱中取出,并用海水擦干净,去除污物或者血液。

⑦ 小心将鱼体转移到鱼舱。不要用手钩钩,不要在甲板上拖,不要损伤鱼眼。

⑧ 用冰层覆盖金枪鱼,一层冰,一层金枪鱼,然后又一层冰。在可能的条件下,鱼层尽量不要超过3层,否则的话,底层的鱼受到上层鱼体和冰的挤压,可能受到损坏。

⑨ 最重的鱼体应该放在鱼舱的底部。

一旦金枪鱼在鱼舱内,就不必再处理了。以将金枪鱼先浸在冷海水中,然后放在冰中的方式处理,金枪鱼可以保存约2周时间。

(4) 冷藏方法。有些金枪鱼延绳钓渔船并不使用冷海水和冰。他们直接加冰,操作程序如下:

① 将一层金枪鱼放置在一层厚厚的冰上面,金枪鱼的腹部朝下。用冰完全包住每一尾金枪鱼,鱼鳃和腹腔内也要加冰。

② 鱼层避免堆积过高,一般不超过3层。

③ 避免金枪鱼接触冰箱或者鱼舱,也避免金枪鱼之间相互接触。

④ 当金枪鱼立即用冰裹住时,金枪鱼发出的热量,可直接融化冰块。这样将产生空气囊。这些空气囊将隔离金枪鱼,并妨碍金枪鱼进一步降温。所以,24小时以后,按照上述程序加冰再做一次。这样可以消除空气囊。

与海水制冷不同,这种方法不需要用纱布套来保护金枪鱼的外观。

这种方法保存金枪鱼时间可以达到2周。

(5) 海水制冷保藏法。有些延绳钓渔船将金枪鱼储藏在冷却的海水中。金枪鱼在冷却海水中可以保存几天,但是不应超过1周。

(6) 金枪鱼转载时的注意事项如下:

① 从冰中取出金枪鱼的时候,不要拧金枪鱼,以免在金枪鱼鱼体上产生皱纹,损坏金枪鱼的外部形态。移动金枪鱼时,要抓金枪鱼头部,而不是金枪鱼尾部。

② 鱼体需要轻拿轻放,不要在甲板上扔丢或者拖移。

③ 鱼体在空气中或者在阳光下不要暴露太长时间。尽快将金枪鱼放在冰中,或者

打好包出口。

三、金枪鱼围网渔获物加工技术

金枪鱼围网渔获物一般加工成罐头产品,其加工步骤包括以下几个方面。

1. 调制冻结浓盐水

为确保渔获物的质量,必须使大量渔获物的鱼体中心温度迅速下降。围网船配制海水是在海水中加入含氯化钠95%(质量分数)的细盐,混合成浓度约为22.4%的冻盐水(温度保持在$-18\ ℃\sim-16\ ℃$之间),用于发挥预冷鱼体的作用。在调制盐水时,盐水的体积占该舱容积的40%左右,余下的60%留作投放渔获物,最初的浓度调为22%~23%,以后随浓度的降低要加入一定数量的食盐,保证一定的浓度。

2. 渔获物处理

先用海水将渔获物冲洗干净,然后逐一投入冻盐水中。渔获物投入以后冻盐水的温度会上升5 ℃。若在30 t的鱼舱中投入渔获物18 t,则冻结时间需要11~12小时,若在9 t的鱼舱中投入6 t渔获物,则冻结时间需要6~7小时。待渔获物在盐水舱预冷冻结至鱼体中心温度达$-10\ ℃$以下而鱼体硬直后,将盐水舱之盐水抽至另外一舱,然后将鱼体移至冻藏室(干舱)内,储藏于$-30\ ℃$较好。一般在$-30\ ℃$条件下可储藏3个月,$-40\ ℃$条件下可储藏6个月。

若渔获物较多,来不及投入冻盐水中处理的话,在鱼舱中制作2 ℃左右的冷却海水,把渔获物保存在这一鱼舱中,以后再投放到冻盐水中。

一般情况下,鱼的皮肤以下5 mm处的肉层食盐的浓度为0.48%~3.75%,5~10 mm处则为0.02%~0.17%,食盐的浓度在5 mm以深是非常小的。

如果要把5 ℃的盐水和渔获物采用慢速冷冻的话,冷却到$-15\ ℃$大约要8小时,这样的话,皮下4 mm处的肉层的食盐浓度为4%~5%。

注意:当盐水的温度为$-17\ ℃$、渔获物的体温为9 ℃时,采用急速冷冻,冻结8小时后,皮下4 mm处肉层的食盐浓度为0.2%~0.6%。

慢速冷冻的话,皮下肉通过$-2\ ℃$这一温度所需的时间为4小时,而且在$-2\ ℃$至$-5\ ℃$鱼肉会变色,使得鱼的品质降低;急速冷冻,皮下肉通过$-2\ ℃$这一温度所需的时间为10分钟,急速冷冻可防止食盐侵入皮下肉和鱼肉变色。

3. 金枪鱼围网渔船卸鱼流程

(1) 运输船(或渔船自己进港)靠港后,通常无法立即安排卸鱼,最主要的原因是罐头厂会先安排人员前往进行"取样"检验,主要测定以下两个指标:含盐(Salt)量、组胺(Histamine)含量。

当然检验人员也会顺便在开舱同时测量鱼体温度是否达到要求(通常提单或其他文件如大副收据上都会注明$-18\ ℃$。一般来说,鱼体温度都会比这一标准再低一些,经常为$-20\ ℃$)。

含盐量:应不超过1.8%(如超过,一般每吨扣40美元)。

组胺:应不超过50 mg/kg。若超过,整舱渔获物全部退货。更严重的话,该作业船上的全部渔获物都会退货,因组胺超过 50 mg/kg 对人体有害。

(2) 安排卡车前往卸货,代理商会与罐头厂事先在售鱼合同中写明有关标准,另外还写明每日卸多少吨(如 100 t 或 150 t)。通常一卡车可装 20 t、15 t、12 t 不等,具体装载量看车大小。而卡车没有盖子,车身两侧加高,所以在卸鱼与运送过程中会有鱼体解冻现象,如开舱时鱼体温度为 −20 ℃,但到了罐头厂为 −10 ℃。一般罐头厂不会以这一温度来判断渔获物质量。卸鱼加上运送时间,12 t 一卡车的鱼装满需要 30～45 分钟,再由码头到罐头厂需要 1～2 小时。各地的交通情况不同,时间也不同。

(3) 车在装满渔获物后,需先到当地驻码头海关"过磅"后才能出关。(此时可取得"过磅"单)

前面 3 个过程中,代理商或船东的监督人员都不需要出面,罐头厂会自行安排,而监督人员可根据"过磅"单知道共卸下多少渔获物。

(4) 分类(Sizing)。渔获物运到罐头厂后,厂方与监督人员开始进行分类(罐头厂 24 小时工作,卡车运来渔获物后,厂方就立刻开始分类)。

不过,因一艘运输船的渔获物通常为 2000 t 左右,即使分卖给 2 个罐头厂,每个厂也要有 1000 t 左右,所以要将所有的渔获物进行分类,几乎是不可能的,因此目前在曼谷(BKK)罐头厂有一不成文的规定,即"5 车看 1 车"。

本阶段完成后,即可制作分类报告(Sizing Report)。

分类过程中还可做一些其他的工作,如先看鱼体表面是否完整(有无鱼体互相黏结在一起或鱼肉脱落、鱼眼外突等)。

然后也可顺便取一部分先"试煮"看情况如何,若"试煮"后退货率(Rejection Rate)在 1% 以下,即可算是品质优良(一般"试煮"取 100 kg 左右)。

鱼的品质出现的问题不同,退货率有所不同。下面以 BKK 市场为例说明。盐分较高的每吨扣 40 美元;品质不佳退货率为 2%;黑肉(鲣鱼鱼体中靠近脊椎骨的部分有一点肉)部分处理不当,退换率为 2.75%;其他如出现腐烂的黄色的肉(Curd Orange Meat)退货率则为 2%。

发现问题,罐头厂会与代理联系,代理再通知船东,随时都会发"退货报告(Rejection Report)",而船东即可在此时前往亲自看货,或请公证处再次验货。不过,一般罐头厂即有检验设备,通常检验 2 次,以检测指标结果较高者为准。若船东请公证处再次验货,如仍未达标,即各项指标同样超过合同中规定的比例(如含盐量),则不论比罐头厂所测数据是高还是低,罐头厂皆会以 3 次中检测指标结果最高的一次为准。在分类过程中,退货率最后要累计,然后作为以后结算书(Final Settlement)中的退货率(卸鱼过程中的退货率是可以调整的)。

4. 鱼货质量的检验

按照国际习惯,检测以下几个品质指标:体损伤(Physical Damage)、油味(Fuel Oil)、氨(Ammonia)、硫(Sulphur)、鱼体温度(Body Temperature)、盐分(Salt)、组胺(Histamine)、水银(Mercury)、蜂巢肉(Honey Comb)、变色(Off-Color)、豆腐凝乳状(Curd)、糨糊肉(Pasty Mush)、鱼体瘀伤(Bruise)、寄生虫(Parasite)。

5. 煮鱼流程

解冻：将鱼放入铁桶中，注入 13 ℃～20 ℃的水，放 1～1.5 小时，解冻到 0 ℃～5 ℃即可（鱼体大小不同，解冻时间也不同）。

排列上架：依大小、鱼种不同排列于架上。

杀鱼：去除内脏。

煮鱼：放入锅炉中煮。鱼大小不同，所需温度也不同。

冷却：煮完后，不可立即从炉中推出，需待不热时才可推出，否则高温遇到外面的低温，鱼肉会焦掉。

上线：开始加工制罐。

四、阅读材料

（一）渔获物干制品

1. 鱿鱼、墨鱼干

工艺流程：原料→剖腹→除内脏→洗涤→干燥→整形→罨蒸和发花→干燥→包装。

2. 虾皮

工艺流程：原料处理→水煮→沥水→出晒→包装。

3. 虾米

工艺流程：原料处理→水煮→出晒（或烘干）→脱壳→包装。

4. 干海参

工艺流程：原料处理→剖割→煮参→腌渍→烤参→拌灰→晒干。

5. 鳗干

工艺流程：

咸鳗干：原料→洗涤→剖割→腌渍→洗刷→出晒→包装；

淡鳗干：原料→洗涤→剖割→清腔→晒干→包装。

（二）水产腌渍品

咸鲐鱼：鲐鱼，又称鲭鱼、青花鱼或油筒鱼，是一种多脂鱼类，容易发生腐败和油烧现象。

（1）原料选择：新鲜或冰冻鲐鱼。

（2）操作方法：用刀由鱼尾至鱼头沿背部肉厚处剖一刀，去内脏和鳃，洗涤后沥水然后在鱼体两面均匀撒上碎盐，平铺于腌鱼池内，肉面向上背部向下，一层鱼一层盐排至九成满加盖封面盐，最后加盖板并压上石块。用盐量为鱼重的 40%～45%。加工时应及时迅速腌渍，减少鱼体与空气接触，并使温度降低。

资讯六　渔获物保鲜注意事项

（1）渔获物捕捞后应尽快用清洁的淡水或海水冲洗鱼体。如要去鳃、剖腹、清除内脏的，应洗净血迹污物，注意防止细菌污染。

（2）理鱼要及时迅速，按品种大小分类，选出压坏、破腹、损伤的鱼，剔除不能食用和有毒的鱼。将易变质的鱼按顺序先处理，避免长时间在高温环境中停留。

（3）尽快加冰装箱，用冰量要充足，冰粒要细，撒冰要均匀，层鱼层冰，不可脱冰，最上部还要加一层盖冰。

（4）渔获物不应过量堆积。因为渔获物仅处于冷却状态，鱼体仍是软的。堆积过高，下面的鱼就会被压烂。散舱最好用活动隔板堆鱼。如果不用活动隔板，最多只能堆3层，再往上堆要搭搁架。装箱堆码可堆7层左右。

（5）冷却鱼类用的冰融化后，流到鱼体上会污染鱼的身体表面。因此，有条件的话，可用硫酸纸或玻璃纸将鱼一条条或一箱箱地隔开，并要切实保证融水能从容器和鱼舱中排出。

（6）冰藏鱼类在设置冷却管的鱼舱内进行保藏时，空气温度不应过低。空气温度若低于0 ℃，接触鱼类的冰不能很好地融化，鱼体就有冷却不下来的可能，这时融化的冰水也会重新冻结，造成鱼体和冰之间产生空隙，使鱼体冷却不充分，达不到冷却效果。因此空气温度不可降到0 ℃以下，应保持在2 ℃左右，并需经常敲打盛鱼箱等容器和鱼舱。

（7）注意观察融水的温度和外观。流出融水的温度，冰冷时应是5 ℃~8 ℃，冰藏时应是2 ℃~3 ℃，如果高于这个温度范围，说明用冰量不足，需要加冰。另外要注意观察融水的颜色和气味，当有腐臭味时，表明存在着局部冷却不充分的地方，必须进行检查。

补充知识:水产品保鲜与运输加工摘要

一、部分水产品名称

(1) 鲐鱼又名青花鱼、鲐鲅鱼、鲭鱼、油鲖鱼、油筒鱼等,为暖水性结群鱼类,生殖季节常结成大群游向水面,每年至少排卵3次,主要摄食浮游甲壳类,也食桡足类、端足类,鲟鱼、鳕鱼和鲱鱼所产的卵,以及鲱鱼幼鱼等。鲭鱼体内组氨酸含量较高,鱼体不新鲜时,其附着的细菌如组胺无色杆菌大量繁殖,并产生脱羧酶,使组氨酸脱羧生成组胺,食用者食用后发生中毒。中毒症状多在食用后30分钟至3小时出现。主要症状包括颜面及上半身潮红、酩酊似酒醉样心悸、心慌、头晕头痛、胸闷和呼吸窘迫等,部分中毒者出现荨麻疹,但体温正常。

(2) 绵鲥鱼,又名光鱼。

(3) 牙鲆鱼俗称牙片、偏口。

(4) 鲨鱼亦称鲛。

(5) 河鲀鱼又名廷巴鱼、街鱼、乖鱼、气鼓鱼、鲀鱼、龟鱼、腊头等,属有毒鱼类,其卵巢和肝脏有剧毒,肠、肾脏、血液、眼睛、鳃、皮肤次之。肌肉通常无毒,但鱼死后时间一长,内脏中的毒素会逐渐渗入肌肉内。

(6) 鲥鱼又称白鳞鱼、鲞鱼、鲙鱼、曹白鱼。

(7) 鲱鱼又称青鱼。

(8) 黄鳝又称鳝鱼、田鳝或田鳗。

(9) 虾蛄又称琵琶虾、虾爬子。

(10) 鲍鱼是单壳贝类,古代称之为鳆。

(11) 贻贝又称紫贻贝、海红。

(12) 牡蛎又称蚝、猴蛎、海蛎子、蛎蛤、蛎房。

(13) 缢蛏俗称蛏子、蛏。

(14) 魁蚶又名赤贝。

(15) 乌贼俗称墨鱼、乌鱼。干制品出成率一般在23%左右。

(16) 日本枪乌贼又名笔管蛸、小鱿鱼、乌蛸、乌增、仔乌、海兔子等。

(17) 三疣梭子蟹习称海蟹、梭子蟹。正常壳青腹白,无黑斑,无变质异味。处5℃左右冷海水中(加冰)进入冬眠。

二、金枪鱼延绳钓渔获物的处理与加工

1. 准备好处理金枪鱼使用的工具

金枪鱼在拉到甲板之前,金枪鱼加工处理师应该准备好下列工具,以便能够迅速处

理金枪鱼；手套（最好是棉质的）；用于放金枪鱼的垫毯或者泡沫垫；击昏金枪鱼的木棍；若干根用于切断或破坏金枪鱼的脊神经的尼龙单丝绳（Tanagauchi 方法）；放血和去除内脏用的刀；洗刷鳃腔的硬刷子；有弹性的棉质鱼套，当鱼体放入海水中时该套起保护作用。

2. 金枪鱼从海中拖到甲板上的处理

金枪鱼的外观是影响金枪鱼价格的重要因素，因此必须谨慎对待每一尾金枪鱼的处理加工。处理师在处理金枪鱼全过程中必须戴手套，不戴手套处理加工金枪鱼会在金枪鱼的体表留下痕迹。在甲板上处理金枪鱼时的步骤和注意事项如下：

（1）用手钩钩住金枪鱼的头部。

（2）不得钩住金枪鱼的躯干部、喉部和心脏。如果手钩在金枪鱼躯干上留下痕迹将使金枪鱼的外表失去市场吸引力，销售价值降低。金枪鱼的喉部是一个脆弱的区域。金枪鱼的心脏是金枪鱼体内的血泵。在金枪鱼放血过程中，心脏必须发挥作用，使血液以正确的方式流出。

（3）对于个体大的鱼，需要两把手钩钩鱼。第二把手钩应钩住鱼的嘴。

（4）在处理鱼体过程中，可以拖金枪鱼的尾柄。

（5）金枪鱼应该放置在垫毯上。垫毯的作用是保护金枪鱼在处理加工过程中皮肤免受擦伤，防止鳞片的脱落。

（6）注意将金枪鱼的胸鳍合拢在金枪鱼鱼体上，以免受到损坏。

3. 在甲板上的剖杀步骤

每尾金枪鱼在抵达金枪鱼销售市场的时候，将接受仔细检查。如果金枪鱼不按照下列方法处理致死，其肉质等级将降低。为了避免金枪鱼生鱼片产值的损失，所有用作生鱼片的金枪鱼，特别是超过 30 kg 的黄鳍金枪鱼和大眼金枪鱼，必须破坏其中枢神经系统。

一旦金枪鱼从海中拖到甲板上，必须立即杀死。杀死后，金枪鱼不会挣扎，也就不会发生金枪鱼拍打甲板所导致的鱼体损伤。

（1）第一种剖杀金枪鱼的方法程序如下：

① 使用木棍或者其他钝器猛击金枪鱼两眼睛之间的头顶部，击昏金枪鱼。

② 使用木棍将鱼钩从金枪鱼嘴中取出。

③ 将鱼体立起，用双腿夹住靠近金枪鱼胸鳍处，使金枪鱼固定。

④ 用大拇指在金枪鱼头顶部确定软骨点。

⑤ 以 45°的角度向软骨点插入刺脑锥。如果刺脑锥插入正确的话，该金枪鱼将产生一次抖动，鱼体将变成僵直状，金枪鱼口张开，第一背鳍将展开，然后鱼体变软。如果没有出现上述状况，需要重新插入刺脑锥。

⑥ 刺脑锥需要左右摇晃来破坏金枪鱼的脑神经，直到金枪鱼停止运动，上、下颌松弛。

建议在杀死金枪鱼以后，继续捣毁金枪鱼的脊神经（Tanaguchi 方法）。捣毁脑、脊神经将使细胞停止生物化学反应，生产出高质量的金枪鱼。

⑦ 用锯齿状的刀或者小型锯,在软骨点的正上方切除一片肉,暴露出大脑。

⑧ 向大脑里插入一段硬的直径为 2~2.5 mm 的尼龙单丝,并将单丝向前推到脊柱的神经管,捣毁金枪鱼脊柱内的神经,金枪鱼将产生最后一次抖动。

⑨ 将插入到脊椎中的单丝留在脊椎管中,单丝露出约 100 mm。将单丝留在鱼体中是向买主证明使用了 Tanaguchi 方法杀死金枪鱼。

(2) 第二种剖杀金枪鱼的方法程序如下:

① 利用木棍或者其他钝器猛击金枪鱼两眼之间的头顶部,击昏金枪鱼。

② 使用木棍将鱼钩从金枪鱼嘴中取出。

③ 将鱼体立起,用双腿夹住靠近金枪鱼胸鳍处,使金枪鱼固定。

④ 用大拇指在金枪鱼头顶部确定软骨点。

⑤ 使用锋利的刀在软骨点上切 30~40 mm 长度的开口。切口必须足够深,露出大脑。

⑥ 向大脑里插入一段硬的尼龙单丝,并尽可能地将单丝向前推到脊柱神经管的最远程,捣毁金枪鱼脊柱内的神经。

⑦ 将插入到脊椎中的单丝留在脊椎管中,单丝露出约 100 mm。

4. 放血、取内脏和清洗

(1) 放血。杀死金枪鱼以后,应该立即放血,这样就能够改善金枪鱼肌肉的外观效果,并能够保持肌肉鲜度。金枪鱼大脑破坏以后,心脏继续跳动数分钟,放血口会更快地让心脏泵出鱼体中的血液。生鱼片制作专家认为没有放血或者部分放血的金枪鱼肌肉中会出现暗红色小血管。在金枪鱼拉到甲板之前的挣扎中,血液含有高浓度的有机排泄物乳酸,提高了鱼体温度。有时鱼体温度达到 35 ℃。放血后可以排泄废物,降低鱼体温度,这样鱼体冷冻更快,质量得以提高。放血过程对于金枪鱼生鱼片的质量和生鱼片的价格非常重要。

具体操作程序如下:

① 用刀在胸鳍基部向后 50~100 mm 处切开金枪鱼。放血口最多 10 mm 深,与胸鳍的凹进处垂直。鱼体两侧都需要开放血口。血液从放血口自由流出。在胸鳍基部凹进处皮肤的正下方有 1 对主血管,如果与胸鳍的凹进处垂直地插入放血刀,就很容易切断主血管。金枪鱼买主会很容易地看到放血口。

② 切开在鳃盖和鳃之间的膜,切断供应鳃的动脉,然后将灌有海水的龙头放在金枪鱼口内,冲洗鳃腔内的血液。

③ 鱼体放血需 5~10 分钟。

④ 有些买主要求在金枪鱼尾部两侧开切口,这个切口在从尾开始的第三和第四副鳍之间,该切口影响放血效果,只有买主要求做时才做。

(2) 取内脏。金枪鱼的内脏含有大量细菌,这些细菌会加速鱼体的变质,因此应该尽快去除。

具体操作程序如下:

① 沿金枪鱼腹部从胃开始切 1 条 100~150 mm 长的切口,直到肛门前 10 mm 处。

切口的方向是顺着鳞片方向,即朝向肛门。

②切断消化道和性腺在肛门处的连接点。

③从切开处取出消化道和性腺。

④另一种在腹部开口的方法也是切开100～150 mm长的切口,切口不在肛门前停止,一直切到肛门,在肛门口成为1个圆圈。用这种方法去除内脏及肛门,避免了细菌在腹腔内扩散。

⑤在两侧鳃盖的后缘插入刀,向眼睛方向切100 mm。这样做容易进入鳃腔,方便取出内脏。

⑥切断鳃和下颌之间的联络。

⑦切断两侧鳃和鳃盖之间的膜。

⑧切断鳃和大脑脑颅基部之间的联络。通过鳃盖取出一整块的鳃。有时,由于性腺和腹腔膜的连接未割断,取出比较麻烦。

(3) 清洗。为了确保金枪鱼质量,待放血和取出内脏以后,必须彻底清洗,去掉残血和其他残留物。具体操作程序如下:

①用刀剔除粘在鳃盖上的膜,可以看到白色的骨骼。

②去除鳃腔中的肉、肌腱和膜。

③用力刷大脑脑颅基部和脊椎骨,去除血块和肾脏。

④洗刷腹腔的内部,不要去除白色的膜状物质,这是金枪鱼的鳔,它盖在脊椎上。

⑤仔细清洗金枪鱼鱼体内外两侧。

⑥切除金枪鱼尾鳍的两叶。有些金枪鱼买主对于大个体的黄鳍金枪鱼有特别要求:成体的黄鳍金枪鱼第二背鳍和臀鳍很长,需要使用锯子切除。成体的大眼金枪鱼背鳍和臀鳍比较短,建议这些鳍条保留,不要切除,以便买主一眼可以识别鱼种。

⑦鱼体放入冷海水中或者冰中。

5. 冷藏保存

金枪鱼在特定的条件下,如捕获时受到胁迫和挣扎,体温短时间内上升到35 ℃～40 ℃。为了确保金枪鱼的良好质量,鱼体的内部体温必须尽快降低到0 ℃,并且在甲板储藏、转运、包装和运输时都维持在0 ℃。

为了获得高质量的金枪鱼生鱼片,可采取两种方法。

(1) 冷藏。把金枪鱼放入夹带碎冰的海水中来降低鱼体内部温度;24小时后,把金枪鱼放入冰中储藏,直到靠港口。

(2) 冷海水。冷海水的优点是金枪鱼浸在海水中,整个体表(包括腹腔)直接接触降温媒介,鱼体中心温度得以迅速降低。

①冷海水的制备。在放置金枪鱼的鱼箱中制作碎冰和海水的混合物,冰与海水的比例大约是2∶1。

②金枪鱼在冷海水中放置的时间。金枪鱼在冷海水中放置时间的长短根据其个体大小确定。对于小个体金枪鱼(30～40 kg),建议放置6～12小时。个体大的金枪鱼放在冷海水中的时间可以更长些,可达到24小时,以保证鱼体的核心部位降温。尽管金

枪鱼可以在冷海水中放置数天,但是我们建议最多只放置24小时,否则鱼体颜色褪去,眼睛变白色。

③ 冷海水水箱的规格。建议使用大的、有几个分隔室和排水孔的鱼箱,体积2 m³或者更大。海上风浪大的时候,隔离室将限制鱼箱内的金枪鱼的摇动。船上要有2个水箱。

(3) 注意事项。

① 在放入冷海水之前,每一尾金枪鱼均应该用棉纱布套,或者用多孔的塑料袋包裹。这主要是为了防止金枪鱼鱼体之间的摩擦损伤。纱布套在出口之前包装时取下,洗好后再次使用。

② 海水中加入盐可降低温度,更快地冷冻金枪鱼。

③ 定期检查冷海水,并视情况加冰。充分搅动冰水混合物,避免形成高温度区域。

④ 冰水混合物中冰过少,或者鱼箱中鱼体过多,将导致冷冻质量差,金枪鱼鱼体质量受损。

⑤ 利用探测温度计测定金枪鱼鱼体中心部位温度。

⑥ 当金枪鱼鱼体降温充分以后,鱼体中心部位的温度即在0 ℃和3 ℃之间时,金枪鱼必须从冷海水水箱中取出,并用海水擦干净,去除污物或者血液。

⑦ 小心将鱼体转移到鱼舱。不要用手钩钩,不要在甲板上拖,不要损伤鱼眼。

⑧ 用冰层覆盖金枪鱼,一层冰,一层金枪鱼,然后又一层冰。在可能的条件下,鱼层尽量不要超过3层,否则的话,底层的鱼受到上层鱼体和冰的挤压,可能受到损坏。

⑨ 最重的鱼体应该放在鱼舱的底部。

一旦金枪鱼在鱼舱内,就不必再处理了。以将金枪鱼先浸在冷海水中,然后放在冰中的方式处理,金枪鱼可以保存约2周时间。

(4) 冷藏方法。有些金枪鱼延绳钓渔船并不使用冷海水和冰。他们直接加冰,操作程序如下:

① 将一层金枪鱼放置在一层厚厚的冰上面,金枪鱼的腹部朝下。用冰完全包住每一尾金枪鱼,鱼鳃和腹腔内也要加冰。

② 鱼层避免堆积过高,一般不超过3层。

③ 避免金枪鱼接触冰箱或者鱼舱,也避免金枪鱼之间相互接触。

④ 当金枪鱼立即用冰裹住时,金枪鱼发出的热量,可直接融化冰块。这样将产生空气囊。这些空气囊将隔离金枪鱼,并妨碍金枪鱼进一步降温。所以,24小时以后,按照上述程序加冰再做一次。这样可以消除空气囊。

与海水制冷不同,这种方法不需要用纱布套来保护金枪鱼的外观。

这种方法保存金枪鱼时间可以达到2周。

(5) 海水制冷保藏法。

有些延绳钓渔船将金枪鱼储藏在冷却的海水中。金枪鱼在冷却海水中可以保存几天,但是不应超过1周。

(6) 金枪鱼转载时的注意事项如下:

① 从冰中取出金枪鱼的时候，不要拧金枪鱼，以免在金枪鱼鱼体上产生皱纹，损坏金枪鱼的外部形态。移动金枪鱼时，要抓金枪鱼头部，而不是金枪鱼尾部。

② 鱼体需要轻拿轻放，不要在甲板上扔丢或者拖移。

③ 鱼体在空气中或者在阳光下不要暴露太长时间。尽快将金枪鱼放在冰中，或者打好包出口。

附录:船上渔获物加冰保鲜操作技术规程

1 主题内容与适应范围

本标准规定了渔船出航前的准备、渔获物加冰保鲜(简称冰鲜)前的准备及甲板处理要求、渔获物的冰鲜处理和其他注意事项。

本标准适用于渔船上渔获物加冰保鲜的处理和操作。

2 引用标准

GB 4600 人造冰

SC 116 塑料鱼箱规格系列、技术及卫生要求

3 出航前的准备

3.1 渔船应根据舱容和甲板空间的情况装好洗净、干燥的鱼箱。

3.2 塑料鱼箱的规格系列、技术及卫生要求必须符合 SC116－83《塑料鱼箱规格系列、技术及卫生要求》的规定。

3.3 根据季节、鱼舱隔热性能、航次长短、渔获物品种的易腐程度及估计产量确定带冰数量。

3.4 渔船所带的冰必须符合 GB 4600－84《人造冰》的规定。

3.5 在装冰前,必须把鱼舱、鱼舱隔板等冲洗干净,并清除杂物,抽净鱼舱底部积水。

3.6 严格检查鱼舱水密情况,防止海水渗入,鱼舱隔热材料宜采用泡沫塑料或现场发泡的聚氨酯。

3.7 高温季节必须备好帐篷、草包等防日晒的隔热材料。

4 渔获物冰鲜前的准备及甲板处理要求

4.1 起网前应将甲板和鱼箱冲洗干净。

4.2 起吊渔获物时必须轻吊、轻放。

4.3 渔获物起上甲板后,装舱前应清洗鱼及鱼箱,分清鱼的品种、规格,沥净鱼水,严禁直接将囊网中的渔获物倒入鱼舱和将未清洗的渔获物倒入铺好的鱼箱内的操作。

4.4 渔获物装箱前,应将有毒鱼拣出装入有特殊标志的专用容器内。

4.5 装箱时,渔获物头尾不得超出箱口。

4.6 当鱼箱用完,网产过大或在大风浪中作业时,允许散装冰鲜处理。

4.7 处理渔获物时,应避免脚踏,严禁使用铁齿耙(马面鱼除外)。

4.8 高温季节在甲板上整理渔获物时,应使用帐篷遮蔽阳光,并勤用海水冲洗;产量较高时,甲板上未经处理的渔获物,应覆盖碎冰保鲜并要求边整理边下舱。

5 渔获物的冰鲜处理

5.1 装箱渔获物的冰鲜处理

5.1.1 各鱼舱底层必须用一层鱼箱装碎冰铺底,碎冰厚度为 200 mm。

5.1.2 鱼箱叠放,应采用不压损渔获物的形式。

5.1.3 装箱渔获物的用冰颗粒直径不得超过 40 mm,散舱渔获物的用冰颗粒直径不得超过 60 mm。

5.1.4 装箱渔获物的加冰厚度,在高温季节和出航初期底层鱼箱不少于 120 mm,上层鱼箱不少于 80 mm,其他季节均不少于 80 mm。

5.2 散装渔获物的冰鲜处理

5.2.1 散装渔获物应分层、分舱进行冰鲜处理。

5.2.2 散装冰鲜时,在航次初期每个分舱必须有 7~8 层,后期每个分舱必须有 3 层以上已装渔获物的箱垫底,方能进行散装冰鲜。

5.2.3 有污染、异味或体型较大的渔获物应和其他渔获物分舱进行冰鲜处理。

5.2.4 散装渔获物的每层厚度不得超过 150 mm,冰的每层厚度不得低于 150 mm(马面鱼每层厚度不得超过 250 mm,冰的厚度不得低于 200 mm)。

5.2.5 舱壁和舱角应有不少于 150 mm 厚的衬冰。

5.2.6 每一分舱封舱前应有不少于 150 mm 厚的顶冰,封舱后不应随意开启或加装未经冷却的渔获物。

5.2.7 鱼舱舱口下,应全部为箱装渔获物。

5.2.8 各鱼舱必须配齐鱼舱隔板,装渔获物时,鱼舱隔板应超过冰鲜渔获物的高度。

5.2.9 勤抽舱底水,勿使漫出舱底板。

5.2.10 冰鲜过程中要勤检查、勤松冰、勤添冰,防止冰结壳或确冰(或脱水)。

6 其他

6.1 放网前应清除网内的鱼。

6.2 渔船避风抛锚或航海期中因特殊情况停航,应每天检查鱼舱内渔获物的冰鲜情况,发现问题,及时处理。

6.3 航次的长短,应根据不同地区、季节、产量、带冰数量和鱼舱隔热状况尽量缩短航次时间。

6.4 拖网时间不宜超过 3 小时,高产网次和高温季节还应适当缩短。

6.5 需要开启鱼舱时,应尽量缩短开舱时间。